제주의 숲과 난초

Forests & Orchids in Jeju

국립산림과학원 지음

21세기사

일러두기

① 이 책은 제주도에 자생하는 난초과 식물 81종 중 자생지가
   확인된 68종에 대하여 자생지 식생을 고려하여 알기 쉽게 설명
   하고자 하였다.

② 식물의 정리는 학명의 알파벳 순서로 하였다. 각 종은 국명,
   학명, 국명이명 및 종의 원명 등을 정리하였으며, 생장형태, 개화기
   및 결실기 등의 특징을 정리하였다. 또한, 종의 생태적 습성과
   전 세계적 분포 및 제주도 내 자생지에 대하여 기록하였다.

③ 난과 식물의 생태적 습성은 주로 여러해살이풀로서 땅 위에
   자라는 지생(Terrestrial), 돌이나 나무줄기에 붙어 자라는 착생
   (Epiphytic), 엽록소가 없어 광합성을 하지 못하여 낙엽층 등의
   유기물로부터 영양분을 얻는 부생(Saprophytic) 등의 특징을
   정리하였다.

제주의
숲과 난초
Forests &
Orchids in Jeju

CONTENTS

Forests in Jeju

제주의 숲

제주의 숲

제주도에 자라는 난과 식물은 81종으로 기록되어 있으며, 이는 우리
나라의 난과 식물의 72%를 차지한다. 좁은 지역에 이렇게 다양한
난초들이 자랄 수 있는 것은 제주도의 독특한 환경 때문일 것이다.
제주도는 우리나라에서 가장 높은 해발을 갖는 한라산이 중앙에
있으며 해발고도에 따라 기후조건이 다르게 나타난다. 이로 인해
아열대식물에서부터 한대성 식물까지 다양한 식물로 구성된
복합적인 생태계가 형성되어 있다. 난초류 또한 한라산의 해발
고도 및 식생에 따라 종 분포가 다르게 나타난다.

상록활엽수림

제주도의 상록활엽수림은 저지대의 계곡과 곶자왈에 분포하며 한라산 남사면의 경우 800m까지 펼쳐져 있다. 이곳에는 구실잣밤나무, 종가시나무, 붉가시나무 등의 참나무과 수종과 생달나무, 녹나무와 같은 녹나무과 수종이 자라고 있다. 이 수종들은 잎이 작고 조밀하게 달려 있어서 숲 속의 빛을 차단하기 때문에 숲의 바닥에는 초본류가 거의 자라지 못한다. 이러한 숲 속에는 한란, 소란, 죽백란 등 사철 잎이 푸른 난초류와 무엽란, 제주무엽란 등 잎이 거의 없는 난초류가 자란다.

낙엽활엽수림

낙엽활엽수림은 한라산 해발 600~1,400m까지 분포하며, 일부
저지대 곶자왈에도 분포한다. 한라산 산록지역의 낙엽활엽수림에는
주로 서어나무, 졸참나무 등 온대성 낙엽활엽수가 자라며 곶자왈 낙엽
활엽수림에는 팽나무, 때죽나무 등이 자란다. 이 곳에는 사철란,
털사철란, 두잎감자난초, 나도잠자리란 등이 자란다.

곰솔림

제주에서 곰솔림은 해안가에서부터 한라산 해발 600m의 오름 사면에 분포하며, 삼나무와 더불어 많이 식재되었다. 따라서, 숲을 이루는 수종이 단순하며 최근에는 소나무재선충병에 의해 벌채되면서 많은 면적이 감소되고 있다. 이 곳에는 보춘화, 대흥란 등이 자란다.

초지

초지는 주로 해발 600m이하와 한라산 정상부에 분포하는데 억새, 띠, 잔디 등 벼과 식물이 분포하며, 오랜 기간 방목지로 이용되어져 왔다. 초지에는 타래난초, 산제비란, 방울새란 등의 난초류가 분포하는데 일부 습한 초지에는 갈매기난초, 잠자리난초 등이 자란다. 이 중 타래 난초는 저지대의 초지에서부터 백록담 분화구 내 초지까지 가장 넓게 분포한다.

고산습지

한라산 해발 1,000m 이상의 일부 고산지역 습지 주변에도 소규모의 초지 군락이 있다.
이러한 고산 습지 주변의 초지에는 한라부추, 자주땅귀개와 같은 희귀식물이 자란다.
이 곳에는 한라옥잠난초, 큰방울새란, 흰제비란, 애기제비란 등의 난초류가 자란다.

고산관목림

한라산 해발 1,400m 이상의 고산 지역에는 산철쭉, 털진달래 등 작은키나무가
자라는 관목림이 형성되어 있다. 이 곳은 암석들로 이루어져 토양이 거의 없고
겨울철 낮은 기온과 건조로 인해 식물의 생존이 매우 어려운 지역이다. 주로 눈향
나무, 시로미 등과 같은 한대성 식물이 자라는 지역으로 손바닥난초, 개제비란,
나도제비란 등의 난초류가 자란다.

구상나무림

구상나무림은 한라산 해발 1,400m에서부터 백록담 부근까지
주로 계곡을 따라 분포한다. 숲을 이루는 주요 수종은 구상나무와
더불어 주목, 산개벚지나무 등 한대성 수종이다. 숲의 바닥에는
게박쥐나물, 뱀톱 등이 자라며, 애기사철란 등이 자란다.

해안절벽

제주도의 해안이나 인근 무인도의 절벽은 토양이 없고 염분이
섞여 있는 해풍과 건조현상으로 인해 수목이 자라기 어렵다.
이러한 환경으로 인해 주로 건조와 염분에 강한 초본류가
자란다. 이 곳에는 나무나 바위에 부착해서 자라는 지네발란과
풍란 등의 착생란이 자란다.

Orchids in Jeju

제주의 난초

01

병아리난초(정, 1937)

학 명 *Amitostigma gracile* (Blume) Schltr., Repert. Spec. Nov. Regni Veg.
Beih. 4: 93. 1919. (*Mitostigma gracile* Blume Mus. Bot. 2: 190. 1856.)
국명이명 바위난초(박, 1949)

생태특성 Habit
- 잎지는 여러해살이풀, 지생란 Perennial, Deciduous, Terrestrial
- 씨앗이 땅위로 떨어져 번식한다. Barochory
- 6월에 분홍색 꽃이 피고 7월에 열매가 익는다.
  Flowering June, Fruiting July

분포 및 자생지 Distribution and Habitat
- 한국, 일본, 중국 Korea, Japan, China
- 해발 500m 일대의 상록활엽수림 내 습한 바위위에 자란다.
  Evergreen broad-leaved forests around 500 meters above the sea

02

자란(이, 1969)

학 명 *Bletilla striata* (Thunb.) Rchb. f., Bot. Zeitung (Berlin) 36: 75.
1878, (*Limodorum striatum* Thunb., Syst. Veg. (ed. 14) 816. 1784.)

생태특성 Habit
- 잎지는 여러해살이풀, 지생란 Perennial, Deciduous, Terrestrial
- 씨앗이 땅위로 떨어져 번식한다. Barochory
- 5월에 분홍색 꽃이 피고 6월에 열매가 익는다. Flowering May, Fruiting June

분포 및 자생지 Distribution and Habitat
- 한국, 일본, 중국 Korea, Japan, China
- 해발 300m 이하의 풀밭에 드물게 자란다. Grasslands below 300 meters above the sea

03

콩짜개란(정, 1949)

학 명 *Bulbophyllum drymoglossum* Maxim. ex Ôkubo, Bot. Mag. (Tokyo)
1: 14, pl. 19. 1884.

국명이명 덩굴난초(박, 1949), 콩짜개난(이, 1969)

생태특성 Habit
- 늘푸른 여러해살이풀, 착생란 Perennial, Evergreen, Epiphytic
- 씨앗이 땅위로 떨어져 번식한다. Barochory
- 5월에 연노란색 꽃이 피고 6월에 열매가 익는다. Flowering May, Fruiting June

분포 및 자생지 Distribution and Habitat
- 한국(제주도), 일본 Korea(Jeju-do), Japan
- 해발 150~500m 사이 숲의 돌이나 나무에 붙어서 자란다.
  On the tree between 150 and 500 meters above the sea

04

혹난초(정, 1949)

학　명 *Bulbophyllum inconspicuum* Maxim., Bull. Acad. Imp. Sci. St.-
　　　　 Petersbourg, n.s. 31: 102. 1887.

국명이명 보리난초(정, 1937)

생태특성 Habit
■ 늘푸른 여러해살이풀, 착생란 Perennial, Evergreen, Epiphytic
■ 씨앗이 나무나 바위 위로 떨어져 번식한다. Barochory
■ 6월에 연한 노란색 꽃이 피고 7월에 열매가 익는다. Flowering June, Fruiting July

분포 및 자생지 Distribution and Habitat
■ 한국(제주도), 일본 Korea(Jeju-do), Japan
■ 해발 150~500m 사이 숲의 나무에 붙어서 자란다. On tree trunks between 150 and 500 above the se

05

큰새우난초(김, 1989)

학　명 *Calanthe bicolor* Lindl., Sert. Orchid. 9. 1838.
국명이명 한라새우난초(이, 2006)

생태특성 Habit
- 늘푸른 여러해살이풀, 지생란 Perennial, Evergreen, Terrestrial
- 씨앗이 땅위로 떨어져 번식한다. Barochory
- 5월에 분홍색 꽃이 피고 6월에 열매가 익는다. Flowering May, Fruiting June

분포 및 자생지 Distribution and Habitat
- 한국(제주도), 일본, 중국 Korea(Jeju-do), China, Japan
- 해발 150~400m 숲에 자란다. Forests between 150 and 400 meters above the sea

새우난초(정, 1937)

학   명 *Calanthe discolor* Lindl., Sert. Orchid. ad pl. 9. 1838.

생태특성 Habit

- 잎지는 여러해살이풀, 지생란 Perennial, Deciduous, Terrestrial
- 씨앗이 땅 위로 떨어져 번식한다. Barochory
- 4월에 보라색 꽃이 피고 5월에 열매가 익는다. Flowering April, Fruiting May

분포 및 자생지 Distribution and Habitat

- 한국(제주도), 일본 Korea(Jeju-do), Japan
- 해발 100 ~ 400m 사이의 숲에 자란다.
  Forests between 100 and 400 meters above the sea

07

여름새우난초(박, 1949)

학 명 *Calanthe reflexa* Maxim., Bull. Acad. Imp. Sci. Saint-Petersbourg
18: 68. 1873.

국명이명 여름새우난(이, 1969)

생태특성 Habit

- 잎지는 여러해살이풀, 지생란 Perennial, Deciduous, Terrestrial
- 씨앗이 땅 위로 떨어져 번식한다. Barochory
- 8월에 분홍색 꽃이 피고 열매가 익는다. Flowering August, Fruiting August

분포 및 자생지 Distribution and Habitat

- 한국(제주도), 일본, 타이완 Korea(Jeju-do), Japan, Taiwan
- 한라산 해발 500~800m 사이의 숲에 드물게 자란다.
  Forests between 500 and 800 meters above the sea

금새우난초(정, 1949)

학 명	*Calanthe sieboldii* Decne. ex Regel, Index Sem. (St. Petersburg) 89. 1868.
국명이명	노랑새우난초(박, 1949), 금새우난(이, 1969)

생태특성 Habit

- 잎지는 여러해살이풀, 지생란 Perennial, Deciduous, Terrestrial
- 씨앗이 땅 위로 떨어져 번식한다. Barochory
- 4월에 노란색 꽃이 피고 5월 열매가 익는다.
  Flowering April, Fruiting May

분포 및 자생지 Distribution and Habitat

- 한국(제주도, 전라남도, 울릉도), 일본
  Korea(Jeju-do, Jeollanam-do, Uleungdo), Japan
- 해발 150~450m 사이의 숲에 자란다.
  Forests between 150 and 450 meters above the sea

은난초(정, 1937)

학 명 *Cephalanthera erecta* (Thunb.) Blume, Fl. Javae 188, pl. 65, f. 2(a-c). 1859.

생태특성 Habit
- 잎지는 여러해살이풀, 지생란 Perennial, Deciduous, Terrestrial
- 씨앗이 땅 위로 떨어져 번식한다. Barochory
- 5월에 흰색 꽃이 피고 열매가 익는다. Flowering May, Fruiting May

분포 및 자생지 Distribution and Habitat
- 한국(제주도, 전라남도, 경상남도), 일본, 중국
  Korea(Jeju-do, Jeollanam-do, Gyeongsangnam-do), Japan, China
- 한라산 해발 200~500m 사이의 숲에 자란다.
  Forests between 200 and 500 meters above the sea

Forests & Orchids in Jeju

꼬마은난초(이, 1988)

학 명 *Cephalanthera erecta* fo. *subaphylla* (Miyabe & Kudô) M. Hiroe, Orchid Flowers 2: 63. 1971.(*Cephalanthera subaphylla* Miyabe & Kudô, J. Fac. Agric. Hokkaido Univ. 26(3): 373. 1932.)

생태특성 Habit

- 잎지는 여러해살이풀, 지생란 Perennial, Deciduous, Terrestrial
- 씨앗이 땅 위로 떨어져 번식한다. Barochory
- 4월에 흰색 꽃이 피고 6월에 열매가 익는다. Flowering April, Fruiting June

분포 및 자생지 Distribution and Habitat

- 한국, 일본 Korea, Japan
- 해발 200 ~ 400m 사이의 숲에 자란다.
  Forests between 200 and 400 meters above the sea

금난초(정, 1937)

학   명 *Cephalanthera falcata* (Thunb.) Blume, Fl. Javae 187, pl. 68, f. 1.
1858. (1859)(*Serapias falcata* Thunb., Fl. Japan 288. 1784.)

생태특성 Habit

- 잎지는 여러해살이풀, 지생란 Perennial, Deciduous, Terrestrial
- 씨앗이 땅 위로 떨어져 번식한다. Barochory
- 5월에 노란색 꽃이 피고 6월에 열매가 익는다.
  Flowering May, Fruiting June

분포 및 자생지 Distribution and Habitat

- 한국(제주도, 전라남도 경상남도), 일본
  Korea(Jeju-do, Jeollanam-do, Gyeongsangnam-do), Japan
- 해발 200 ~ 700m 사이의 숲에 자란다.
  Forests between 200 and 700 meters above the sea

은대난초(정, 1949)

학 명 *Cephalanthera longibracteata* Blume, Coll. Orchid. 188, pl. 65, f. 3(a-c). 1859. (before Dec. 1858)

국명이명 은대난(정, 1947), 댓잎은난초(박, 1949)

생태특성 Habit

- 잎지는 여러해살이풀, 지생란 Perennial, Deciduous, Terrestrial
- 씨앗이 땅 위로 떨어져 번식한다. Barochory
- 5월에 흰색 꽃이 피고 6월에 열매가 익는다. Flowering May, Fruiting June

분포 및 자생지 Distribution and Habitat

- 한국, 러시아, 일본, 중국 Korea, Russia, Japan, China
- 해발 200 ~ 700m 사이의 숲에 자란다. Forests between 200 and 700 meters above the sea

애기천마(이, 1976)

학 명 *Chamaegastrodia shikokiana* Makino & F. Maek., Bot. Mag. (Tokyo) 49: 596, pl. 2, f. 4-7. 1935.

생태특성 Habit

- 잎지는 여러해살이풀, 부생란 Perennial, Deciduous, Saprophytic
- 씨앗이 땅 위로 떨어져 번식한다. Barochory
- 7월에 연한 갈색 꽃이 피고 8월에 열매가 익는다.
  Flowering July, Fruiting August

분포 및 자생지 Distribution and Habitat

- 한국(제주도, 백양산), 일본 Korea(Jeju-do, Baekyangsan), Japan
- 한라산 해발 450~750m 숲에 자란다.
  Forests between 450 and 750 meters above the sea

약난초(정, 1949)

학　　명　*Cremastra appendiculata* (D. Don) Makino, Bot. Mag. (Tokyo) 18: 24. 1904.(*Cymbidium appendiculatum* D. Don, Prodr. Fl. Nepal. 36. 1825.)

국명이명　정화난초(박, 1949)

생태특성 Habit

- 잎지는 여러해살이풀, 지생란
  Perennial, Deciduous, Terrestrial
- 씨앗이 땅 위로 떨어져 번식한다. Barochory
- 5월에 분홍색 또는 연한 갈색 꽃이 피고
  9월에 열매가 익는다.
  Flowering May, Fruiting September

분포 및 자생지 Distribution and Habitat

- 한국, 몽골, 일본, 중국, 타이완, 히말라야
  Korea, Mongolia, Japan, China, Taiwan, Himalaya
- 해발 100~300m 사이의 곶자왈에 자란다.
  Gotjawal between 100 and 300 meters above the sea

15

두잎약난초(이, 1976)

학 명 *Cremastra unguiculata* (Finet) Finet, Bull. Soc. Bot. France 44: 235-236. 1897.(*Oreorchis unguiculata* Finet, Bull. Soc. Bot. France 43: 698. 1896.)

국명이명 종덕이난초(박, 1949)

생태특성 Habit

- 잎지는 여러해살이풀, 지생란 Perennial, Deciduous, Terrestrial
- 씨앗이 땅 위로 떨어져 번식한다. Barochory
- 5월에 노란색 또는 연한 갈색 꽃이 피고 6월에 열매가 익는다. Flowering May, Fruiting June

분포 및 자생지 Distribution and Habitat

- 한국(제주도), 일본, Korea(Jeju-do), Japan
- 해발 550~650m 사이의 낙엽활엽수림에 자란다.
  Deciduous broad-leaved forests between 550 and 650 meters above the sea

16

소란(이, 1996)

학 명 *Cymbidium ensifolium* (L.) Sw., Nova Acta Regiae Soc. Sci. Upsal. 6: 77. 1799.

생태특성 Habit

- 늘푸른 여러해살이풀, 지생란 Perennial, Evergreen, Terrestrial
- 씨앗이 땅 위로 떨어져 번식한다. Barochory
- 9월에 연한 초록색 꽃이 피고 11월에 열매가 익는다.
  Flowering September, Fruiting November

분포 및 자생지 Distribution and Habitat

- 한국(제주도), 뉴기니아, 말레이시아, 인도남부, 인도차이나, 일본, 중국, 타이완, 태국
  Korea(Jeju-do), New Guinea, Malaysia, S. India, Indochina, Japan, China, Taiwan, Thailand
- 해발 300m 이하의 상록활엽수림에 매우 드물게 자란다.
  Evergreen broad-leaved forests below 300 meters above the sea

보춘화(정, 1937)

학 명 *Cymbidium goeringii* (Rchb. f.) Rchb. f., Ann. Bot. Syst. 3: 547. 1852.
국명이명 춘란(안, 1982)

생태특성 Habit

- 늘푸른 여러해살이풀, 지생란 Perennial, Evergreen, Terrestrial
- 씨앗이 땅 위로 떨어져 번식한다. Barochory
- 3월에 노란색 또는 연한 초록색 꽃이 피고 5월에 열매가 익는다.
  Flowering March, Fruiting May

분포 및 자생지 Distribution and Habitat

- 한국(제주도, 경상도, 전라도), 일본, 중국
  Korea(Jeju-do, Gyeongsang-do, Jeolla-do), Japan, China
- 해발 900m 이하의 상록활엽수림 또는 곰솔림에 자란다.
  Evergreen broad-leaved forests or *Pinus theunbergii* forests below 900 meters above the sea

한란(이, 1969)

학　　명 *Cymbidium kanran* Makino, Bot. Mag.
(Tokyo) 16: 10. 1902.

생태특성 Habit

- 늘푸른 여러해살이풀, 지생란 Perennial, Evergreen, Terrestrial
- 씨앗이 땅 위로 떨어져 번식한다. Barochory
- 12월에 연한 초록색 꽃이 피고 1월에 열매가 익는다.
  Flowering December, Fruiting January

분포 및 자생지 Distribution and Habitat

- 한국(제주도), 일본 Korea(Jeju-do), Japan
- 해발 800m 이하의 상록활엽수림에 매우 드물게 자란다.
  Evergreen broad-leaved forests below 800 meters above the sea

죽백란(이, 1981)

학　명 *Cymbidium lancifolium* Hook., Exot. Fl. 1: , ad pl. 51. 1823.
국명이명 돈란(이, 1984), 주걱란(이, 1984)

생태특성 Habit
- 늘푸른 여러해살이풀, 지생란 Perennial, Evergreen, Terrestrial
- 씨앗이 땅 위로 떨어져 번식한다. Barochory
- 7월에 연한 초록색 꽃이 피고 9월에 열매가 익는다. Flowering July, Fruiting September

분포 및 자생지 Distribution and Habitat
- 한국(제주도), 뉴기니아, 미얀마, 인도차이나, 일본, 중국, 타이완, 히말라야
  Korea(Jeju-do), New Guinea, Myanmar, Indochina, Japan, China, Taiwan, Himalaya
- 해발 200~300m 사이의 상록활엽수림에 자란다.
  Evergreen broad-leaved forests between 200 and 300 meters above the sea

녹화죽백란(이, 1996)

학 명 *Cymbidium lancifolium* var. *aspidistrifolium* (Fukuy.) S.S. Ying, Col.
Illustr. Indig. Orch. Taiwan 1: 439. 1977.

생태특성 Habit

- 늘푸른 여러해살이풀, 지생란 Perennial. Evergreen. Terrestrial
- 씨앗이 땅 위로 떨어져 번식한다. Barochory
- 10월에 연한 초록색 꽃이 피고 11월에 열매가 익는다. Flowering October, Fruiting November

분포 및 자생지 Distribution and Habitat

- 한국(제주도) Korea(Jeju-do)
- 해발 200~300m 사이의 상록활엽수림에 자란다.
  Evergreen broad-leaved forests between 200 and 300 meters above the sea

21

대흥란(정, 1970)

학　명　*Cymbidium macrorhizon* Lindl., Gen. Sp. Orchid. Pl. 162. 1833.

생태특성 Habit
- 늘푸른 여러해살이풀, 부생란
  Perennial, Evergreen, Saprophytic
- 씨앗이 땅 위로 떨어져 번식한다. Barochory
- 7월에 분홍색 또는 연한분홍색 꽃이 피고 8월에
  열매가 익는다. Flowering July, Fruiting August

분포 및 자생지 Distribution and Habitat
- 한국(제주도, 전라남도), 인도북부, 일본, 중국,
  타이완, 태국, 파키스탄
  Korea(Jeju-do, Jeollanam-do), N India, Japan, China,
  Taiwan, Thailand, Pakistan
- 해발 600m 이하의 곰솔림이나 상록활엽수림에
  자란다.
  Evergreen broad-leaved forests or *Pinus thunbergii*
  forests below 600 meters above the sea

으름난초(정, 1949)

학   명 *Cyrtosia septentrionalis* (Rchb. f.) Garay, Bot. Mus. Leafl. 30(4): 233.
1986.(*Galeola septentrionalis* Rchb. f., Xenia Orchid. 2: 78. 1865.)

국명이명 개천마(박, 1949)

생태특성 Habit

■ 잎지는 여러해살이풀, 부생란 Perennial. Deciduous. Saprophytic
■ 씨앗이 땅 위로 떨어져 번식한다. Barochory
■ 6월에 연한갈색 꽃이 피고 7월에 열매가 익는다. Flowering June. Fruiting July

분포 및 자생지 Distribution and Habitat

■ 한국, 일본 Korea. Japan
■ 해발 200~700m의 숲에 자란다. Forests between 200 and 700 meters above the sea

개제비란(이, 1969)

학　명 *Dactylorhiza viridis* (L.) R.M. Bateman, Pridgeon & M.W. Chase,
　　　　Lindleyana 12 : 129. 1997.(*Satyrium viride* L. Sp. Pl. 2 : 944. 1753.)

국명이명 몽울난초(박, 1949)

생태특성 Habit

- 잎지는 여러해살이풀, 지생란 Perennial, Deciduous, Terrestrial
- 씨앗이 땅 위로 떨어져 번식한다. Barochory
- 5월에 분홍색 또는 연한 갈색 꽃이 피고 7월에 열매가 익는다. Flowering May, Fruiting July

분포 및 자생지 Distribution and Habitat

- 한국(제주도, 함경도), 러시아, 몽골, 일본, 중국
  Korea(Jeju-do, Hamgyeong-do), Russia, Mongolia, Japan, China
- 해발 1,400m 일대 관목림에 드물게 자란다. Shrublands around 1,400 meters above the sea

석곡(정, 1937)

학 명 *Dendrobium moniliforme* (L.) Sw., Nova Acta Regiae Soc. Sci. Upsal.
6: 85, f. 5B. 1799.(*Epidendrum moniliforme* L., Sp. Pl. 2: 954. 1753.)

국명이명 석곡란(안, 1982)

생태특성 Habit

■ 늘푸른 여러해살이풀, 착생란 Perennial, Evergreen, Epiphytic
■ 씨앗이 나무줄기 위로 떨어져 번식한다. Barochory
■ 4월에 연한갈색 또는 흰색 꽃이 피고 6월에 열매가 익는다. Flowering April, Fruiting June

분포 및 자생지 Distribution and Habitat

■ 한국(제주도, 경상남도, 전라남도), 일본, 중국, 타이완
  Korea(Jeju-do, Gyeongsangnam-do, Jeollanam-do), Japan, China, Taiwan
■ 한라산 해발 300~850m의 숲의 나무 또는 계곡 절벽에 붙어서 자란다.
  On tree trunks or valley cliff between 300 and 850 meters above the sea

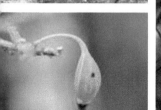

닭의난초(정, 1937)

학   명 *Epipactis thunbergii* A. Gray, Perry, Exped. Jap. 2: 319. 1857.

생태특성 Habit

- 잎지는 여러해살이풀, 지생란 Perennial, Deciduous, Terrestrial
- 씨앗이 땅 위로 떨어져 번식한다. Barochory
- 6월에 연한갈색 또는 노란색 꽃이 피고 7월에 열매가 익는다. Flowering June, Fruiting July

분포 및 자생지 Distribution and Habitat

- 한국(제주도, 경기도), 러시아, 일본, 중국 Korea(Jeju-do, Gyeonggi-do), Russia, Japan, China
- 해발 300~1,350m 사이의 습지 주변에 자란다.
  Around wetlands between 300 and 1,350 meters above the sea

나도제비란(이, 1969)

학　명 *Galearis cyclochila* (Franch. & Sav.) Soó, Ann. Univ. Sci. Budapest. Rolando Eotvos, Sect. Biol. 11: 72. 1969.(*Habenaria cyclochila* Franch. & Sav., Enum. Pl. Jap. 2: 516. 1879.)

생태특성 Habit

- 잎지는 여러해살이풀, 지생란 Perennial, Deciduous, Terrestrial
- 씨앗이 땅 위로 떨어져 번식한다. Barochory
- 5월에 연한 분홍색 꽃이 피고 9월에 열매가 익는다. Flowering May, Fruiting September

분포 및 자생지 Distribution and Habitat

- 한국(제주도, 경기도), 러시아, 일본, 중국 Korea(Jeju-do, Gyeonggido), Japan, China, Russia
- 한라산 해발 1,200~1,700m의 관목림에 자란다.
  Shrublands between 1,200 and 1,700 meters above the sea

탐라난(이, 1984)

학 명 *Gastrochilus japonicus* (Makino) Schltr., Repert. Spec. Nov. Regni
Veg. 12(317-321): 315. 1913.(*Saccolabium japonicum* Makino, Ill. Fl.
Jap. 1(7): 3, pl. 13. 1891.)

생태특성 Habit

- 늘푸른 여러해살이풀, 착생란 Perennial, Evergreen, Epiphytic
- 씨앗이 땅 위로 떨어져 번식한다. Barochory
- 7월에 노란색 꽃이 피고 8월에 열매가 익는다. Flowering July, Fruiting August

분포 및 자생지 Distribution and Habitat

- 한국(제주도), 일본, 타이완, Korea(Jeju-do), Japan, Taiwan
- 한라산 해발 400~700m의 숲에서 나무에 붙어서 자란다.
  On tree trunks in forests between 400 and 700 meters above the sea

28

천마(정, 1937)

학 명 *Gastrodia elata* Blume, Mus. Bot. 2: 174. 1856.

생태특성 Habit

- 잎지는 여러해살이풀, 부생란 Perennial, Deciduous, Saprophytic
- 씨앗이 땅 위로 떨어져 번식한다. Barochory
- 7월에 연한 갈색 또는 노란색 꽃이 피고 8월에 열매가 익는다.
  Flowering July, Fruiting August

분포 및 자생지 Distribution and Habitat

- 한국, 일본, 중국, 타이완 Korea, Japan, China, Taiwan
- 한라산 해발 600~1,400m 숲에 자란다.
  Forests between 600 and 1,400 meters above the sea

한라천마(이, 1996)

학   명   *Gastrodia verrucosa* Blume, Mus. Bot. 2: 175. 1856.

생태특성 Habit

- 잎지는 여러해살이풀, 부생란 Perennial, Deciduous, Saprophytic
- 씨앗이 땅 위로 떨어져 번식한다. Barochory
- 8월에 연한 갈색 또는 연한 초록색 꽃이 피고 9월에 열매가 익는다.
  Flowering August, Fruiting September

분포 및 자생지 Distribution and Habitat

- 한국(제주도), 말레이시아, 일본 Korea(Jeju-do), Malaysia, Japan
- 한라산 해발 200~750m의 숲에 자란다. Forests between 200 and 750 meters above the sea

붉은사철란(이, 1976)

학 명 *Goodyera biflora* (Lindl.) Hook. f., Fl. Brit. India
6(17): 114. 1890.(*Georchis biflora* Lindl., Gen. S
Orchid. Pl. 496. 1840.)

생태특성 Habit

- 늘푸른 여러해살이풀, 지생란 Perennial, Evergreen, Terrestrial
- 씨앗이 땅 위로 떨어져 번식한다. Barochory
- 7월에 연한 갈색 또는 빨간색 꽃이 피고 9월에 열매가 익는다.
  Flowering July, Fruiting September

분포 및 자생지 Distribution and Habitat

- 한국(제주도, 완도), 일본, 타이완 Korea(Jeju-do, Wando), Japan, Taiwan
- 한라산 해발 300~750m의 숲에 자란다. Forests between 300 and 750 meters above the sea

섬사철란(정, 1949)

학 명	Goodyera henryi Rolfe, Bull. Misc. Inform. Kew 1896(119): 201. 1896.
국명이명	산닭의난초(박, 1949), 줄사철란(안, 1982)

생태특성 Habit

- 늘푸른 여러해살이풀, 지생란 Perennial, Evergreen, Terrestrial
- 씨앗이 땅 위로 떨어져 번식한다. Barochory
- 9월에 흰색 또는 연한 분홍색 꽃이 피고 10월에 열매가 익는다.
  Flowering September, Fruiting October

분포 및 자생지 Distribution and Habitat

- 한국(제주도, 울릉도), 일본, 타이완 Korea(Jeju-do, Ulleungdo), Japan, Taiwan
- 한라산 해발 300~1,100m의 숲에 자란다.
  Forests between 300 and 1,100 meters above the sea

애기사철란(정, 1949)

학 명 *Goodyera repens* (L.) R. Br., Hort. Kew. (ed. 2) 5: 198. 1813.
(*Satyrium repens* L., Sp. Pl. 2: 945. 1753.)

국명이명 산알록난초(박, 1949), 산얼룩난초(안, 1982)

생태특성 Habit

- 늘푸른 여러해살이풀, 지생란 Perennial, Evergreen, Terrestrial
- 씨앗이 땅 위로 떨어져 번식한다. Barochory
- 8월에 흰색 또는 연한 갈색 꽃이 피고 10월에 열매가 익는다.
  Flowering August, Fruiting October

분포 및 자생지 Distribution and Habitat

- 한국(제주도, 설악산, 지리산), 러시아, 남아메리카, 유럽, 일본, 중국, 중앙아시아,
  코카서스, 타이완 Korea(Jeju-do, Seollaksan, Jirisan), Russia, N. America, Europe,
  Japan, China, C. Asia, Caucasus, Taiwan
- 한라산 해발 1,400~1,600m의 구상나무 숲에 자란다.
  Abies koreana forests between 1,400 and 1,600m meters above the sea

33

사철란(정, 1949)

학   명 *Goodyera schlechtendaliana* Rchb. f., Linnaea 22: 861. 1849.
국명이명 알록난초(박, 1949)

생태특성 Habit
■ 늘푸른 여러해살이풀, 지생란 Perennial, Evergreen, Terrestrial
■ 씨앗이 땅 위로 떨어져 번식한다. Barochory
■ 8월에 흰색 또는 빨간색 꽃이 피고 9월에 열매가 익는다. Flowering August, Fruiting September

분포 및 자생지 Distribution and Habitat
■ 한국(제주도, 울릉도), 일본, 중국, 타이완 Korea(Jeju-do, Ulleungdo), Japan, China, Taiwan
■ 한라산 해발 200~1,500m의 숲에 자란다.
  Forests between 200 and 1,500 meters above the sea

34

털사철란(이, 1969)

학   명 *Goodyera velutina* Maxim. ex Regel, Gartenflora 16: 38, pl. 533, f. 1. 1867.

국명이명 자주사철란(정, 1970)

생태특성 Habit

- 늘푸른 여러해살이풀, 지생란 Perennial, Evergreen, Terrestrial
- 씨앗이 땅 위로 떨어져 번식한다. Barochory
- 8월에 갈색 꽃이 피고 9월에 열매가 익는다.
  Flowering August, Fruiting September

분포 및 자생지 Distribution and Habitat

- 한국(제주도), 일본, 타이완 Korea(Jeju-do), Japan, Taiwan
- 한라산 해발 400~800m의 숲에 자란다.
  Forests between 400 and 800 meters above the sea

손바닥난초(정, 1949)

학   명   *Gymnadenia conopsea* (L.) R. Br., Hort. Kew. (ed. 2) 5: 191. 1813.
(*Orchis conopsea* L., Sp. Pl. 2: 942. 1753.)

국명이명   손뿌리난초(정, 1937), 뿌리난초(박, 1949), 손바닥난(이, 1969)

생태특성 Habit

- 잎지는 여러해살이풀, 지생란 Perennial, Deciduous, Terrestrial
- 씨앗이 땅 위로 떨어져 번식한다. Barochory
- 7월에 분홍색 꽃이 피고 8월에 열매가 익는다. Flowering July, Fruiting August

분포 및 자생지 Distribution and Habitat

- 한국(제주도, 지리산, 평안북도, 함경도), 러시아, 유럽, 일본, 중국, 코카서스
  Korea(Jeju-do, Jirisan, Pyeonganbuk-do, Hamgyeong-do), Russia, Europe, Japan, China, Caucasus
- 한라산 해발 1,400~1,950m의 구상나무숲이나 숲 가장자리에 자란다.
  Abies koreana forests and forest edges between 1,400 and 1,950 meters above the sea

36

제주방울란(이, 1996)

학   명   *Habenaria chejuensis* Y.N. 이 & K.이, Korean J. Pl. Taxon. 28: 34. 1998.

생태특성 Habit

- 잎지는 여러해살이풀, 지생란 Perennial, Deciduous, Terrestrial
- 씨앗이 땅 위로 떨어져 번식한다. Barochory
- 9월에 연한 초록색 꽃이 피고 10월에 열매가 익는다.
  Flowering September, Fruiting October

분포 및 자생지 Distribution and Habitat

- 한국(제주도) Korea(Jeju-do)
- 해발 100m 일대 숲 속이나 가장자리에 자란다.
  Forests and forest edges around 100 meters above the sea

37

방울난초(박, 1949)

학   명 *Habenaria flagellifera* Makino, Tokyo Bot. Mag. vi. 48. 1982.

생태특성 Habit

- 잎지는 여러해살이풀, 지생란 Perennial, Deciduous, Terrestrial
- 씨앗이 땅 위로 떨어져 번식한다. Barochory
- 9월에 연한 초록색 꽃이 피고 10월에 열매가 익는다.
  Flowering September, Fruiting October

분포 및 자생지 Distribution and Habitat

- 한국(제주도), 일본 Korea(Jeju-do), Japan
- 해발 300~400m 숲에 자란다.
  Forests between 300 and 400 meters above the sea

애기방울난초(이, 2007)

학 명 *Habenaria iyoensis* Ohwi, J. Jap. Bot. 12: 382. 1936.

생태특성 Habit

- 잎지는 여러해살이풀, 지생란 Perennial, Deciduous, Terrestrial
- 씨앗이 땅 위로 떨어져 번식한다. Barochory
- 9월에 연한 초록색 꽃이 피고 10월에 열매가 익는다. Flowering September, Fruiting October

분포 및 자생지 Distribution and Habitat

- 한국(제주도), 일본, 타이완 Korea(Jeju-do), Japan, Taiwan
- 해발 300~400m 숲에 자란다. Forests between 300 and 400 meters above the sea

39

잠자리난초(정, 1959)

학　명　*Habenaria linearifolia* Maxim., Mém. Acad. Imp. Sci. St.-Pétersbourg Divers Savans 9: 269. 1859.

국명이명　해오라비아재비(정, 1937), 큰잠자리난초(정, 1949), 해오래비난초(박, 1949)

생태특성 Habit

- 잎지는 여러해살이풀, 지생란 Perennial, Deciduous, Terrestrial
- 씨앗이 땅 위로 떨어져 번식한다. Barochory
- 6월에 흰색 꽃이 피고 8월에 열매가 익는다.
  Flowering June, Fruiting August

분포 및 자생지 Distribution and Habitat

- 한국, 러시아, 일본, 중국 Korea, Russia, Japan, China
- 해발 400~1,100m의 습지 주변에 자란다.
  Around wetlands between 400 and 1,100 meters above the sea

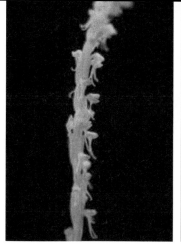

씨눈난초(정, 1949)

학 명 *Herminium lanceum* (Thunb. ex Sw.) Vuijk, Blumea 11(1): 228. 1961.*(Ophrys lancea* Thunb. ex Sw., Kongl. Vetensk. Acad. Handl. 21: 223. 1800.)

국명이명 구슬난초(박, 1949), 혹뿌리난초(Ahn, 1982)

생태특성 Habit
- 잎지는 여러해살이풀, 지생란 Perennial, Deciduous, Terrestrial
- 씨앗이 땅 위로 떨어져 번식한다. Barochory
- 6월에 연한 초록색 꽃이 피고 8월에 열매가 익는다. Flowering June, Fruiting August

분포 및 자생지 Distribution and Habitat
- 한국(제주도, 경기도, 강원도), 일본, 중국, 타이완
  Korea(Jeju-do, Gyeonggi-do, Gangwon-do), Japan, China, Taiwan
- 해발 300~400m의 초지에 자란다. Grasslands between 300 and 400 meters above the sea

41

백운란(이, 1980)

학 명 *Kuhlhasseltia yakushimensis* (Yamam.) Ormerod, Lindleyana 17: 209. 2003.(*Anoectochilus yakushimensis* Yamam., Bot. Mag. (Tokyo) 38: 131. 1924.)

국명이명 백운난초(Park, 1949), 백운산난초(안, 1982)

생태특성 Habit

- 늘푸른 여러해살이풀, 지생란 Perennial, Evergreen, Terrestrial
- 씨앗이 땅 위로 떨어져 번식한다. Barochory
- 7월에 흰색 꽃이 피고 열매가 익는다. Flowering July, Fruiting July

분포 및 자생지 Distribution and Habitat

- 한국(제주도, 내장산, 백운산, 울릉도), 일본 Korea(Jeju-do, Naejangsan, Baekunsan, Uleungdo), Japan
- 한라산 해발 300~700m 숲에서 자란다. Forests between 300 and 700 meters above of the sea

42

무엽란(이, 1969)

학   명 *Lecanorchis japonica* Blume, Mus. Bot. 2: 188. 1856.

생태특성 Habit

- 잎지는 여러해살이풀, 부생란 Perennial, Deciduous, Saprophytic
- 씨앗이 땅 위로 떨어져 번식한다. Barochory
- 6월에 연한 갈색 또는 흰색 꽃이 피고 7월에 열매가 익는다. Flowering June, Fruiting July

분포 및 자생지 Distribution and Habitat

- 한국(제주도, 홍도), 일본 Korea(Jeju-do, Hongdo), Japan
- 해발 200~600m의 상록활엽수림 내에 자란다.
  Evergreen broad-leaved forests between 200 and 600 meters above the sea

43

제주무엽란(이, 1996)

학 명 *Lecanorchis kiusiana* Tuyama, J. Jap. Bot. 30: 182. 1955.

생태특성 Habit

- 잎지는 여러해살이풀, 부생란 Perennial, Deciduous, Saprophytic
- 씨앗이 땅 위로 떨어져 번식한다. Barochory
- 6월에 연한 노란색 또는 빨간색 꽃이 피고 8월에 열매가 익는다.
  Flowering June, Fruiting August

분포 및 자생지 Distribution and Habitat

- 한국(제주도), 일본 Korea(Jeju-do), Japan
- 해발 200~600m의 상록활엽수림 내에 자란다.
  Evergreen broad-leaved forests between 200 and 600 meters above the sea

한라옥잠난초(이, 2006)

학　명　*Liparis auriculata* Blume ex Miq., Ann. Mus. Bot. Lugduno-Batavi 2: 203. 1866.

생태특성 Habit

- 잎지는 여러해살이풀, 지생란 Perennial, Deciduous, Terrestrial
- 씨앗이 땅 위로 떨어져 번식한다. Barochory
- 7월에 연한 초록색 또는 보라색 꽃이 피고 8월에 열매가 익는다. Flowering July, Fruiting August

분포 및 자생지 Distribution and Habitat

- 한국(제주도), 일본, 타이완 Korea(Jeju-do), Japan, Taiwan
- 한라산 해발 1,100~1,200m의 습지 주변에 자란다. Around wetlands between 1,100 and 1,200 meters above the sea

나나니난초(정, 1937)

학　명 *Liparis krameri* Franch. & Sav., Enum. Pl. Jap. 2: 509. 1879.
국명이명 나나벌이난초(정, 1956), 애기벌난초(안, 1982)

생태특성 Habit
- 잎지는 여러해살이풀, 지생란 Perennial, Deciduous, Terrestrial
- 씨앗이 땅 위로 떨어져 번식한다. Barochory
- 6월에 연한 초록색 또는 보라색 꽃이 피고 8월에 열매가 익는다.
  Flowering June, Fruiting August

분포 및 자생지 Distribution and Habitat
- 한국(제주도, 경기도), 일본 Korea(Jeju-do, Gyeonggi-do), Japan
- 한라산 해발 650∼800m의 숲에 자란다. Forests between 650 and 800 meters above the sea

46

옥잠난초(정, 1937)

학   명 *Liparis kumokiri* F. Maek., J. Jap. Bot. 12(2):95-96. 1936.

생태특성 Habit

- 잎지는 여러해살이풀, 지생란 Perennial, Deciduous, Terrestrial
- 씨앗이 땅 위로 떨어져 번식한다. Barochory
- 6월에 연한 초록색 또는 보라색 꽃이 피고 8월에 열매가 익는다. Flowering June, Fruiting August

분포 및 자생지 Distribution and Habitat

- 한국(제주도, 경기도, 묘향산), 일본 Korea(Jeju-do, Gyeonggi-do, Myohyangsan), Japan
- 한라산 해발 200~1,400m의 숲에 자란다. Forests between 200 and 1,400 meters above the sea

나리난초(정, 1973)

학 명 *Liparis makinoana* Schltr., Repert. Spec. Nov. Regni Veg. Beih. 4: 63. 1919.

국명이명 풍경벌레난초(안, 1982)

생태특성 Habit

- 잎지는 여러해살이풀, 지생란 Perennial. Deciduous. Terrestrial
- 씨앗이 땅 위로 떨어져 번식한다. Barochory
- 6월에 연한 갈색 또는 보라색 꽃이 피고 7월에 열매가 익는다. Flowering June, Fruiting July

분포 및 자생지 Distribution and Habitat

- 한국(제주도, 경기도), 러시아, 일본, 중국, 타이완
  Korea(Jeju-do, Gyeonggi-do), Russia, Japan, China, Taiwan
- 한라산 해발 200~850m의 숲에 자란다. Forests between 200 and 850 meters above the sea

흑난초(이, 1996)

학 명 *Liparis nervosa* (Thunb.) Lindl., Gen. Sp. Orchid. Pl. 26. 1830.
(*Ophrys nervosa* Thunb. SySyst. Veg. (ed. 14) 814. 1784.)

생태특성 Habit

■ 잎지는 여러해살이풀, 지생란 Perennial, Deciduous, Terrestrial
■ 씨앗이 땅 위로 떨어져 번식한다. Barochory
■ 6월에 연한 초록색 꽃이 피고 7월에 열매가 익는다. Flowering June, Fruiting July

분포 및 자생지 Distribution and Habitat

■ 한국(제주도, 경기도), 남아메리카, 러시아, 아프리카, 동남아시아, 일본, 중국, 타이완
  Korea(Jeju-do, Gyeonggi-do), S. America, Russia, Africa, SE. Asia, Japan, China, Taiwan
■ 한라산 해발 200~400m의 숲에 자란다. Forests between 200 and 400 meters above the sea

계우옥잠난초(이, 2010)

학 명 *Liparis yongnoana* N. S. Lee, C. S. Lee & K. S. Lee, Journal of
Plant Biololy 53(3):190. 2010.

생태특성 Habit

- 잎지는 여러해살이풀, 지생란 Perennial, Deciduous, Terrestrial
- 씨앗이 땅 위로 떨어져 번식한다. Barochory
- 7월에 연한 초록색 꽃이 피고 8월에 열매가 익는다. Flowering June, Fruiting August

분포 및 자생지 Distribution and Habitat

- 한국(제주도, 강원도) Korea(Jeju-do, Kangwon-do)
- 한라산 해발 500~800m 숲에서 자란다. Forests between 500 and 800 meters above the sea

50

풍란(정, 1949)

학　명 *Neofinetia falcata* (Thunb.) Hu, Rhodora 27: 107. 1925.(*Orchis falcata* Thunb., Fl. Jap. 26. 1784.)

국명이명 꼬리난초(박, 1949)

생태특성 Habit

- 늘푸른 여러해살이풀, 착생란 Perennial, Evergreen, Epiphytic
- 씨앗이 땅 위로 떨어져 번식한다. Barochory
- 7월에 흰색 꽃이 피고 열매가 익는다.
  Flowering July, Fruiting July

분포 및 자생지 Distribution and Habitat

- 한국(제주도, 거문도, 경상남도, 홍도), 일본, 중국
  Korea(Jeju-do, Geomundo, Gyeongsangnam-do, Hongdo),
  Japan, China
- 해안가 절벽에 매우 드물게 자란다. On the cliff near the sea

한라새둥지란(이, 1996)

학 명 *Neottia hypocastanoptica* Y.N. 이, Fl. Kor. ed. 4: 1167. 2002.

생태특성 Habit

- 잎지는 여러해살이풀, 부생란 Perennial, Deciduous, Saprophytic
- 씨앗이 땅 위로 떨어져 번식한다. Barochory
- 5월에 흰색 꽃이 피고 7월에 열매가 익는다. Flowering May, Fruiting July

분포 및 자생지 Distribution and Habitat

- 한국(제주도), 일본, 중국 Korea(Jeju-do), Japan, China
- 해발 200~300m의 상록활엽수림 내 부엽토에 자란다.
  Evergreen broad-leaved forests between 200 and 300 meters above the sea

영아리난초(김, 2009)

학　명　*Nervilia nipponica* Makino, 23: 138. 1909. (Bot. Mag. (Tokyo)

생태특성 Habit
- 잎지는 여러해살이풀, 부생란 Perennial, Deciduous, Saprophytic
- 씨앗이 땅 위로 떨어져 번식한다. Barochory
- 5월에 흰색 꽃이 피고 6월에 열매가 익는다. Flowering May, Fruiting June

분포 및 자생지 Distribution and Habitat
- 한국(제주도), 일본, 중국 Korea(Jeju-do), Japan, China
- 해발 500~700m 숲에 자란다. Forests between 500 and 700 meters above the sea

차걸이란(이, 1980)

학   명   *Oberonia japonica* (Maxim.) Makino, Ill. Fl. Jap. 1: pl. 41.
           1891.(*Malaxis japonica* Maxim., Bull. Acad. Imp. Sci. Saint-
           Petersbourg 22: 257. 1877.)

국명이명   나도제비난(이, 1969)

생태특성 Habit
- 늘푸른 여러해살이풀, 착생란 Perennial, Evergreen, Epiphytic
- 씨앗이 땅 위로 떨어져 번식한다. Barochory
- 5월에 연한 갈색 또는 연한 노란색 꽃이 피고 6월에 열매가 익는다.
  Flowering May, Fruiting June

분포 및 자생지 Distribution and Habitat
- 한국(제주도, 경상북도), 일본, 타이완 Korea(Jeju-do, Gyeongsangbuk-do), Japan, Taiwan
- 해발 150~600m 숲의 나무에 붙어서 자란다.
  On tree trunks in forests between 150 and 600 meters above the sea

두잎감자난초(이, 1969)

학 명 *Oreorchis coreana* Finet Bull., Soc. Bot. France 55: 337, pl. 10, f. 40-45. 1908.(*Diplolabellum coreanum* (Finet) Maek., J. Jap. Bot. 11(5): 306, f. 8. 1935.)

국명이명 한라감자란(이, 1996)

생태특성 Habit

- 잎지는 여러해살이풀, 지생란 Perennial, Deciduous, Terrestrial
- 씨앗이 땅 위로 떨어져 번식한다. Barochory
- 6월에 흰색 또는 연한 갈색 꽃이 피고 8월에 열매가 익는다. Flowering June, Fruiting August

분포 및 자생지 Distribution and Habitat

- 한국(제주도) Korea(Jeju-do)
- 해발 400~1,200m의 숲에 자란다. Forests between 400 and 1,200 meters above the sea

영주제비란 (엄, 2012)

학 명 *Platanthera brevicalcarata* Hayata, J. Coll.
Sci. Imp. Univ. Tokyo 30(1): 350. 1911.

생태특성 Habit

- 잎지는 여러해살이풀, 지생란 Perennial, Deciduous, Terrestrial
- 씨앗이 땅 위로 떨어져 번식한다. Barochory
- 6월에 연한 갈색 또는 연한 노란색 꽃이 피고
  7월에 열매가 익는다. Flowering June, Fruiting July

분포 및 자생지 Distribution and Habitat

- 한국(제주), 일본, 타이완 Korea(Jeju-do), Japan, Taiwan
- 한라산 해발 700m 숲에 자란다.
  Forests around 700 meters above the sea

흰제비란(정, 1949)

| 학 명 | *Platanthera hologlottis* Maxim., Mém. Acad. Imp. Sci. St.-Pétersbourg Divers Savans 9: 268. 1859. |
| 국명이명 | 흰난초(박, 1949) |

생태특성 Habit

- 잎지는 여러해살이풀, 지생란 Perennial, Deciduous, Terrestrial
- 씨앗이 땅 위로 떨어져 번식한다. Barochory
- 6월에 흰색 꽃이 피고 8월에 열매가 익는다. Flowering June, Fruiting August

분포 및 자생지 Distribution and Habitat

- 한국(제주도, 경기도, 전라남도, 평안북도, 함경북도) 러시아, 일본, 중국 Korea(Jeju-do, Gyeonggi-do, Jeollanam-do, Pyeonganbuk-do, Hamgyeongbuk-do), Russia, Japan, China
- 한라산 해발 850~1,500m의 습지 가장자리에 자란다.
  Around wetlands between 850 and 1,500 meters above the sea

갈매기난초(박, 1949)

학　명　*Platanthera japonica* (Thunb.) Lindl., Gen. Sp. Orchid. Pl. 290. 1835.
(*Orchis japonica* Thunb., Syst. Veg. (ed. 14) 811. 1784.)

생태특성 Habit

- 잎지는 여러해살이풀, 지생란 Perennial, Deciduous, Terrestrial
- 씨앗이 땅 위로 떨어져 번식한다. Barochory
- 6월에 흰색 꽃이 피고 8월에 열매가 익는다. Flowering June, Fruiting August

분포 및 자생지 Distribution and Habitat

- 한국(제주도, 지리산) 일본, 중국 Korea(Jeju-do, Jirisan), Japan, China
- 한라산 해발 450~750m의 숲 속에 자란다.
  Forests between 450 and 750 meters above the sea

산제비란(정, 1949)

학 명 *Platanthera mandarinorum* var. *brachycentron* (Franch. & Sav.)
Koidz. ex K.Inoue, J. Fac. Sci. Univ. Tokyo, Sect. 3, Bot. 13: 183.
1982.(*Platanthera oreades* var. *brachycentron* Franch. & Sav.,
Enum. Pl. Jap. 2: 514. 1878.)

국명이명 산제비난초(박, 1949), 짧은산제비난(이, 1969), 산제비난(이, 1969)

생태특성 Habit

- 잎지는 여러해살이풀, 지생란 Perennial, Deciduous, Terrestrial
- 씨앗이 땅 위로 떨어져 번식한다. Barochory
- 5월에 연한 초록색 꽃이 피고 8월에 열매가 익는다. Flowering May, Fruiting August

분포 및 자생지 Distribution and Habitat

- 한국, 러시아, 일본, 중국 Korea, Russia, Japan, China
- 해발 250m 일대 초지에 자란다. Grasslands around 250 meters above the sea

애기제비란(이, 1969)

학   명 *Platanthera maximowicziana* Schltr., Repert. Spec. Nov. Regni
Veg. Beih. 4: 114. 1919.

국명이명 제비난초(박, 1949), 두메제비난초(안, 1982)

생태특성 Habit

- 잎지는 여러해살이풀, 지생란 Perennial, Deciduous, Terrestri
- 씨앗이 땅 위로 떨어져 번식한다. Barochory
- 6월에 연한 초록색 꽃이 피고 8월에 열매가 익는다.
  Flowering June, Fruiting August

분포 및 자생지 Distribution and Habitat

- 한국(제주도), 일본 Korea(Jeju-do), Japan
- 한라산 해발 1,400~1,700m의 습한 초지에 자란다.
  Wet grasslands between 1,400 and 1,700 meters above the sea

나도잠자리란(정, 1949)

학　명　*Platanthera ussuriensis* (Regel & Maack) Maxim., Bull. Acad. Imp.
Sci. Saint-Petersbourg 31: 107. 1886. (1887)(*Platanthera tipuloides*
var. *ussuriensis* Regel & Maack, Mém. Acad. Imp. Sci. Saint
Pétersbourg, Sér. 7 4(4): 142, pl. 10, f. 7-9. 1861.)

국명이명　색기잠자리난초(박, 1949), 나도제비난(이, 1969), 제비잠자리난(이, 1980),
잠자리난초(안, 1982)

생태특성 Habit

- 잎지는 여러해살이풀, 지생란 Perennial, Deciduous, Terrestrial
- 씨앗이 땅 위로 떨어져 번식한다. Barochory
- 7월에 연한 초록색 꽃이 피고 8월에 열매가 익는다. Flowering July, Fruiting August

분포 및 자생지 Distribution and Habitat

- 한국(제주도, 강원도, 경기도, 경상남도), 러시아, 일본, 중국
  Korea(Jeju-do, Gangwon-do, Gyeonggi-do, Gyeongsangnam-do) Russia, Japan, China
- 한라산 해발 600~750m 숲에서 자란다. Forests between 600 and 750 meters above the sea

큰방울새란(정, 1949)

학　　명　*Pogonia japonica* Rchb. f., Linnaea 25: 228. 1852.
국명이명　큰방울새난초(정, 1937)

생태특성 Habit
- 잎지는 여러해살이풀, 지생란 Perennial, Deciduous, Terrestrial
- 씨앗이 땅 위로 떨어져 번식한다. Barochory
- 6월에 연한 분홍색 꽃이 피고 7월에 열매가 익는다. Flowering June, Fruiting July

분포 및 자생지 Distribution and Habitat
- 한국, 러시아, 일본, 중국 Korea, Russia, Japan, China
- 한라산 해발 1,100m 일대의 습한 초지에 자란다.
  Wet grasslands around 1,100 meters above the sea

방울새란(안, 1982)

학　명 *Pogonia minor* (Makino) Makino, Bot. Mag. (Tokyo) 23: 137. 1909.
(*Pogonia japonica* var. minor Makino, Bot. Mag. (Tokyo) 12: 103. 1898.)

국명이명 방울새난초(정, 1937), 방울새난(이, 1969)

생태특성 Habit

- 잎지는 여러해살이풀, 지생란 Perennial, Deciduous, Terrestrial
- 씨앗이 땅 위로 떨어져 번식한다. Barochory
- 6월에 흰색 또는 연한 분홍색 꽃이 피고 8월에 열매가 익는다. Flowering June, Fruiting August

분포 및 자생지 Distribution and Habitat

- 한국, 일본, 타이완 Korea, Japan, Taiwan
- 한라산 해발 250~600m의 초지에 자란다. Grasslands between 250 and 600 meters above the sea

금자난(이, 1969)

학　　명　*Saccolabium matsuran* Makino, Bot. Mag. (Tokyo) 6: 48. 1892.

국명이명　금산자주난초(정, 1970)

생태특성 Habit

- 늘푸른 여러해살이풀, 착생란 Perennial. Evergreen. Epiphytic
- 씨앗이 땅 위로 떨어져 번식한다. Barochory
- 4월에 노란색 꽃잎에 붉은 반점이 있는 꽃이 피고 5월에 열매가 익는다.
  Flowering April. Fruiting May

분포 및 자생지 Distribution and Habitat

- 한국(제주도), 일본, 타이완 Korea(Jeju-do), Japan, Taiwan
- 한라산 해발 650m 일대의 숲에서 매우 드물게 나무에 붙어 자란다.
  On tree trunks in forests around 650 meters above the sea

지네발란(정, 1949)

학   명 *Sarcanthus scolopendrifolius* Makino ex Schltr., Beih. Bot. Centralbl. 37(2): 106. 1919.

국명이명 지네난초(박, 1949)

생태특성 Habit

- 늘푸른 여러해살이풀, 착생란
  Perennial, Evergreen, Epiphytic
- 씨앗이 땅 위로 떨어져 번식한다. Barochory
- 7월에 분홍색 꽃이 피고 9월에 열매가 익는다.
  Flowering July, Fruiting September

분포 및 자생지 Distribution and Habitat

- 한국, 일본 Korea, Japan
- 바닷가 혹은 인근 섬의 절벽에 붙어서 자란다.
  On the cliff near sea and island in Jeju-do

65

나도풍란(정, 1937)

학   명 *Sedirea japonica* (Rchb. f.) Garay & H.R. Sweet, Orchids S.
Ryukyu Islands 149. 1974.(*Aerides japonica* Rchb. f., Hamburger
Garten- Blumenzeitung 19: 210. 1863.)

국명이명 노란나비난초(박, 1949), 대풍란(안, 1982)

생태특성 Habit
- 늘푸른 여러해살이풀, 착생란 Perennial. Evergreen. Epiphytic
- 씨앗이 땅 위로 떨어져 번식한다. Barochory
- 7월에 흰색 꽃이 피고 열매가 익는다. Flowering July. Fruiting July

분포 및 자생지 Distribution and Habitat
- 한국(제주도, 홍도), 일본 Korea(Jeju-do, Hongdo), Japan
- 해발 150m 일대 숲 속 나무에 붙어 자란다. On tree trunks in forests around 150 meters

66

타래난초(정, 1937)

학 명 *Spiranthes sinensis* (Pers.) Ames, Orchidaceae 2: 53. 1908.
(*Neottia sinensis* Pers., Syn. Pl. 2: 53, 510. 1807.)

생태특성 Habit

- 잎지는 여러해살이풀, 지생란 Perennial, Deciduous, Terrestrial
- 씨앗이 땅 위로 떨어져 번식한다. Barochory
- 5월에 분홍색 꽃이 피고 8월에 열매가 익는다. Flowering May, Fruiting August

분포 및 자생지 Distribution and Habitat

- 한국, 러시아, 말레이시아, 오스트레일리아, 유럽, 인도, 일본, 타이완, 히말라야
  Korea, Russia, Malaysia, Australia, Europe, India, Japan, Taiwan, Himalaya
- 제주도 전 지역의 초지에 자란다. Grasslands of all regions in Jeju-do

비자란(이, 1996)

학 명 *Thrixspermum japonicum* (Miq.) Rchb. f., Bot. Zeitung (Berlin) 36: 75. 1878.(*Sarcochilus japonicus* Miq., Ann. Mus. Bot. Lugduno-Batavi 2: 206. 1866.)

생태특성 Habit

- 늘푸른 여러해살이풀, 착생란 Perennial, Evergreen, Epiphytic
- 씨앗이 나무 줄기 위로 떨어져 번식한다. Barochory
- 4월에 노란색 꽃이 피고 5월에 열매가 익는다.
  Flowering April, Fruiting May

분포 및 자생지 Distribution and Habitat

- 한국(제주도), 일본, 중국 Korea(Jeju-do), Japan, China
- 한라산 해발 400~600m 숲의 나무에 붙어서 자란다.
  On tree trunks in forests between 400 and 600 meters above the sea

비비추난초(이, 1980)

학   명 *Tipularia japonica* Matsum., Bot. Mag. (Tokyo) 15 : 87. 1901.
국명이명 비비취난초(정, 1949), 외대난초(박, 1949), 실난초(안, 1982)

생태특성 Habit
- 잎지는 여러해살이풀, 지생란 Perennial, Deciduous, Terrestrial
- 씨앗이 땅 위로 떨어져 번식한다. Barochory
- 5월에 연한 초록색 또는 노란색 꽃이 피고 6월에 열매가 익는다. Flowering May, Fruiting June

분포 및 자생지 Distribution and Habitat
- 한국(제주도, 대둔산), 일본 Korea(Jeju-do, Daedunsan), Japan
- 한라산 해발 200~400m 숲에서 자란다. Forests between 400 and 600 meters above the sea

참고문헌

김윤식, 김상호. 1989. 한국산 새우난초속의 분류학적 연구. 한국식물분류학회지 19(4):273~287.

박만규. 1949. 우리나라식물명감. 문교부

안학수, 이춘녕, 박봉현. 1982. 한국농식물자원명감. 일조각.

엄상미, 이남숙. 2012. 한반도 미기록 식물: 영주제비란(난과). 한국식물분류학회지 42(3):211~213.

오용자, 이창숙. 1988. 한국미기록종식물 꼬마은난초(신칭). 성신여자대학교 기초과학연구회지. 5:7~9.

이경서. 2011. 새로운 한국의 야생란. 신구문화사.

이남숙. 2011. 한국의 난과식물 도감. 이화여자대학출판부.

이영노. 1976. 한국동식물도감 제18권 식물편(계절식물). 교육부.

이영노. 2002. 한국식물도감 개정판. 교학사.

이영노. 2006. 새로운 한국식물도감. 교학사.

이진실, 최병희. 1996. 한국산 보춘화속의 분류학적 검토. 한국식물분류학회지 26(2):141~154.

이창복. 1969. 우리나라의 식물자원. 서울대학교 논문집(농생계). 20: 89~228.

정태현, 도봉섭, 이덕봉, 이휘재(1937). 조선식물향명집, 조선박물연구회.

정태현, 도봉섭, 심학진. 1949. 조선식물명집Ⅰ~Ⅱ. 조선생물학회.

INDEX 찾아보기

제주의 숲과 난초(가나다 순)

INDEX 찾아보기

제주의 숲과 난초(ABC 순)

제주의 숲과 난초

1판 1쇄 인쇄   2022년 12월 15일
1판 1쇄 발행   2022년 12월 20일
저   자 국립산림과학원
발 행 인 이범만
발 행 처 **21세기사** (제406-2004-00015호)
         경기도 파주시 산남로 72-16 (10882)
         Tel. 031-942-7861   Fax. 031-942-7864
         E-mail : 21cbook@naver.com
         Home-page : www.21cbook.co.kr
         ISBN 979-11-6833-067-2

정가 23,000원